DIRECTEUR

GUSTAVE PHILIPPON
Docteur ès sciences.

Les Habitants

DES

MERS ANCIENNES

PAR

H. GUÈDE

HENRI GAUTIER, éditeur, 55 Quai des Gds Augustins, PARIS

N° 68 | Il paraît un volume tous les quinze jours

Les Habitants des Mers anciennes

Par H. GUÈDE

CHAPITRE Ier

FOSSILES MARINS

C'est une notion répandue communément que les mers occupent, aujourd'hui, les trois quarts de la surface du globe, l'examen superficiel d'une mappemonde suffit à le prouver. Dans le passé, le domaine des océans a été bien plus considérable, ainsi que le montre l'abondance des sédiments marins dans les couches qui forment, par leur ensemble, la croûte solide de la terre.

Or, ce qui permet de reconnaître l'origine marine d'un dépôt est la présence de certains fossiles. Il est impossible, en effet, lorsque l'on découvre, dans une couche fossilifère, des débris animaux offrant les caractères des êtres marins actuels, de se refuser à admettre que cette couche était, autrefois, le fond d'une mer sur lequel s'accumulaient les cadavres des animaux qui la peuplaient. De nouvelles couches sableuses ou vaseuses, se déposant à leur tour, préservaient les squelettes, les coquilles, toutes les parties résistantes, d'une destruction immédiate. A l'abri de ces dépôts protecteurs, des transformations moléculaires s'opéraient amenant la *fossilisation* et la conservation de ces restes, grâce auxquels nous pouvons, maintenant, nous représenter quelle était la population des mers anciennes.

Beaucoup d'animaux marins ont été fossilisés à la place même où ils vivaient. De ceux-là, il faut citer les *Coraux*, les *Brachiopodes*, sorte de Vers habitant les grandes profondeurs, et protégés par une coquille bivalve qui se fixe sur les corps environnants, les *Mollusques* bivalves qui mènent une vie analogue (Huîtres, Moules, etc.). Les animaux nageurs comme les *Poissons*, les *Crustacés*, les *Mollusques céphalopodes*, ont pu, après leur mort, être entraînés par des courants, ou jetés par les vagues sur les rivages; aussi rencontre-t-on très souvent leurs squelettes et leurs coquilles en un assez mauvais état de conservation.

La présence de fossiles dans une couche, et la comparaison avec les représentants actuels du genre auxquels ils appartiennent, car peu de groupes animaux ont complètement disparu, permettent de distinguer des dépôts marins, des dépôts lacustres, et des dépôts saumâtres. Cette comparaison a été très féconde en résultats importants pour la géologie stratigraphique.

Cette science a longtemps posé en principe que les mêmes fossiles caractérisaient des couches de même âge. Or si l'on appliquait ce principe à l'époque actuelle, on obtiendrait une discordance complète entre les résultats et les faits. Il n'y a qu'un très petit nombre d'espèces, tant animales que végétales, dont l'aire de répartition soit universelle. Il en a été ainsi aux époques antérieures, et l'on doit poser en principe, au contraire, que la faune et la flore n'ont jamais été identiques sur toute la surface du globe. Chaque époque devra donc être divisée en régions biologiques, auxquelles on donnera le nom de *facies*.

Un *facies* est défini par l'ensemble des caractères lithologiques et paléontologiques résultant des conditions extérieures qui, pour une contrée donnée, déterminent l'existence d'une faune ou d'une flore spéciale. Ces caractères sont définis par les conditions telles que le climat, l'altitude, la profondeur, la nature géologique ou chimique du milieu ambiant. Pour une même époque, on trouvera donc des *facies* très différents et caractérisés par cette condition que la moitié de la flore ou de la faune, au moins, soit distincte. On trouve ainsi un *facies* arctique, un *facies* tempéré, un *facies* tropical; qui montrent l'existence de climats

variés; d'autres indiquent des conditions de milieu exté-
rieur différant entre elles, ce sont les *facies* littoraux,
coralliens, pélagiques, lagunaires.

La détermination de ces *facies* repose sur quelques obser-
vations que nous allons donner, et qui nous montreront com-
ment l'étude des habitants des mers anciennes a pu con-
tribuer, aussi bien que l'étude des faunes continentales, à
déterminer les conditions biologiques auxquelles a été
soumise la terre, dans le cours du temps.

Dans les mers actuelles, la répartition des animaux vivants se fait suivant cinq zones que, dans son *Manuel de
Conchyliologie*, M. Fischer désigne ainsi :

1° La zone *littorale* qui est alternativement couverte et
découverte à chaque marée ;

2° La zone des *Laminaires* (Algues brunes qui peuvent
atteindre une grande taille) qui s'étend jusqu'à une tren-
taine de mètres de profondeur ;

3° La zone des *Nullipores et des Corallines* (Algues rouges
fixées aux rochers, allant de 30 à 72 mètres) ;

4° La zone des *Brachiopodes et des Coraux*, descendant de
72 à 500 mètres ;

5° La zone *abyssale* de 500 mètres jusqu'aux dernières
profondeurs.

Aux diverses époques géologiques, il n'est pas possible
de retrouver exactement ces mêmes zones, mais les indica-
tions renfermées dans cette classification permettent de distinguer, au point de vue de la profondeur, trois *facies* : littoral, pélagique et abyssal.

Le *facies* littoral permet de reconstituer d'anciennes
lignes de rivage, souvent indiquées, d'ailleurs, par la nature des roches : conglomérats (assemblages de galets
roulés, cimentés par de l'argile ou du sable argileux), et grès
à gros grain (Le grès est une roche formée par l'agglomération de grains de sables réunis par un ciment quelconque).
Les caractères paléontologiques n'en conservent pas moins
une grande importance et une zone littorale de nature
rocheuse est parfaitement déterminée par les Mollusques
bivalves perforants. On sait qu'aujourd'hui il existe certains bivalves, comme les *Pholades* et les *Tarets*, capables de
creuser les roches les plus dures. Des formes analogues on

vécu sur les côtes anciennes, et l'on retrouve, assez souvent, des roches criblées de trous percés par ces animaux. Les *Huîtres*, les *Moules*, les *Plicatules* qui vivent fixées aux roches, indiquent non plus l'existence d'un rivage, mais le voisinage d'un rivage, car ces Mollusques peuvent descendre assez profondément, et gagner des zones où se trouvent en quantité des *Oursins* et des *Brachiopodes*. Or, à la profondeur où vivent ces animaux peuvent tomber des cadavres d'animaux nageurs tels que les *Mollusques Céphalopodes* capables de vivre au large, ou de se rapprocher des côtes.

Il résulte de là, qu'en géologie, le mot de *facies littoral* s'applique à une zone plus étendue que la zone littorale actuelle. Il signifie que le dépôt considéré s'est opéré non loin d'un rivage.

Le *facies* pélagique devrait, semble-t-il, ne renfermer que des débris d'animaux habitant la haute mer, comme les *Poissons*, les *Mollusques Céphalopodes*, les *Méduses* et beaucoup d'êtres microscopiques tels que les *Foraminifères*. A l'époque actuelle, les dragages opérés dans les grands fonds n'ont ramené que des restes de ces êtres, mais en géologie, on ne connaît pas de couches dont la faune soit formée exclusivement d'animaux nageurs. Aussi, rapporte-t-on à ce *facies*, les dépôts caractérisés par l'absence des faunes littorales, et par le mélange d'animaux nageurs et de formes fixées ou rampantes habitant assez loin des côtes : *Brachiopodes*, *Oursins* et *Etoiles de mer*, *Mollusques Gastéropodes*; *Lamellibranches* autres que les Pholades et les Tarets.

Les animaux nageurs ayant une aire de répartition bien plus étendue que les formes littorales, sédentaires ou fixées, ont une grande importance pour les comparaisons chronologiques des couches. C'est ainsi que les espèces d'un groupe de *Mollusques Céphalopodes*, très nombreux aux temps secondaires, les *Ammonoïdes*, sont identiques en Europe et en Amérique.

Il est presque impossible d'appliquer les caractères de la zone abyssale actuelle à un *facies* abyssal paléontologique. On trouve, cependant, quelques formes, douées de particularités anatomiques comme l'absence d'yeux et le développement exagéré d'appendices tactiles, qui ont pu habiter les grandes profondeurs. Mais ces caractères sont assez rares, et l'on ne peut définir nettement le *facies abyssal* des temps géologiques.

Dans les autres dépôts d'origine marine, il est un facteur d'une grande importance, c'est la nature des substances tenues en suspension dans l'eau. Pour citer un exemple, à l'époque actuelle, la présence de *Moules* sur une côte est un indice certain de la nature vaseuse des eaux, et beaucoup d'êtres qui vivent dans les eaux limpides ne se rencontrent plus dès que les *Moules* apparaissent. Si on ajoute à ce caractère paléontologique la présence de roches argileuses et de calcaires marneux, on définira le *facies vaseux*.

L'opposé du *facies* vaseux est le *facies corallien*. On sait aujourd'hui que, pour se développer, les *Polypes* constructeurs de récifs exigent une température moyenne élevée, une profondeur ne dépassant pas 40 mètres, une eau marine très pure non mélangée d'eau douce et ne tenant en suspension aucune particule vaseuse (1). Il est prouvé aussi que, malgré la différence des groupes auxquels appartiennent ces animaux, les conditions étaient les mêmes au cours des époques géologiques. Ainsi, les calcaires où l'on trouve les blocs construits par les *Coraux* sont toujours très purs et saccharoïdes ; en plus, entre les interstices des polypiers, on ne rencontre jamais de marnes ou d'argiles.

En France, la période suprajurassique a été une époque de dépôts coralligènes. Ces dépôts sont si abondants que, jusqu'à ces dernières années, les géologues les réunissaient sous le nom d'*étage corallien*. Les importants travaux de M. l'abbé Bourgeat ont montré que les dépôts coralliens se sont formés à des époques variées, et qu'à un *facies corallien* déterminé peuvent correspondre un *facies vaseux*, un *facies pélagique* de même âge, mais très différents par la nature des fossiles.

Un bon exemple de récif corallien est offert par les formations de Valfin (Jura). Il y a en ce point un ancien

---

1. Voir à ce sujet : *Iles et Récifs madréporiques*, par Edmond Perrier. Vol. 28 de la collection.

rocher (il date de la fin des temps suprajurassiques) formé de calcaire blanc saccharoïde, légèrement crayeux, sur lequel on trouve tous les *Polypiers* constructeurs de l'époque. associés à la faune particulière des récifs coralliens. Si l'on quitte Valfin, en s'avançant vers l'Est, on constate une altération progressive des calcaires, on relève des intercalations de plus en plus fréquentes de marnes et d'argiles ; en même temps les Polypiers, puis, graduellement, les autres animaux de la faune coralligène disparaissent ; on arrive enfin à des dépôts exclusivement marneux où ne subsistent que les deux ou trois espèces communes aux eaux vaseuses et aux eaux pures. Cette région vaseuse correspond au voisinage d'une côte très proche, et la zone de disparition graduelle de la faune coralligène correspond à la lagune, qui s'étend, toujours, entre les récifs coralliens et la côte. Au contraire, vers l'ouest existait la pleine mer, la faune de Polypiers disparaît brusquement ; et immédiatement, commence un *facies* pélagique caractérisé par les *Mollusques Céphalopodes*. Il n'est pas douteux, d'après cela que le rocher de Valfin, aujourd'hui situé sur les bords de la Bienne, n'ait été, à l'époque suprajurassique, un récif-barrière séparé, d'une côte située dans l'Est, par une lagune ; et tournant vers l'Ouest son bord abrupt qui plongeait dans une mer profonde.

Cette description, tout en nous offrant un excellent exemple de *facies* corallien, nous montre encore l'importance de l'étude des fossiles marins pour la détermination des états successifs de la terre pendant les ères géologiques. Cette étude, qui a pris dans ces dernières années un développement considérable, est appelée à rendre à la géologie les plus grands services. S'il subsiste encore bien des points obscurs, notamment au sujet des premiers habitants de la terre, cette partie de la science est du moins assez avancée pour que nous puissions essayer de mettre sous les yeux du lecteur une rapide esquisse de l'état de la population des mers, durant ces trois longues suites de siècles que les géologues nomment les trois *ères*.

Le principal critérium de cette division en ères est précisément le caractère particulier des faunes marines, car les faunes terrestres et lacustres n'ont pris la prépondérance que pendant l'ère tertiaire. Durant l'ère primaire, les animaux diffèrent considérablement des genres actuels, quelques groupes se sont même complètement éteints, les Vertébrés sont relativement peu répandus, c'est la *faune paléozoïque.*

Dans l'ère secondaire, apparaissent les précurseurs du monde organique contemporain, c'est le règne des *Mollusques Céphalopodes* et des grands *Reptiles.* On lui donne le nom de faune *Mésozoïque.*

L'ère tertiaire voit apparaître tous les types modernes, et beaucoup en sont encore abondamment représentés. La faune en sera décrite sous le nom de faune *Néozoïque* (1).

Reste enfin l'ère quaternaire caractérisée par l'apparition de l'Homme sur les continents, et dont tous les types animaux existant encore appartiennent au domaine de la zoologie.

CHAPITRE II

LA FAUNE PALÉOZOÏQUE

Les premières traces de la vie organique apparaissent dans des couches déposées durant la période précambrienne ; ce sont des empreintes, assez rares d'ailleurs, que l'on a longtemps rapportées à des *Vers marins* de la classe des *Annélides.* Elles représentent, en général, des traînées munies d'un axe médian, sur lequel s'appuient des sillons et des côtes symétriques. Aujourd'hui, on incline à penser que ces figures, parfois entre-croisées, et généralement très longues, sont le moulage de traces laissées par des animaux rampants sur le sable ou sur la vase. Le fossile décrit sous le nom de *Nereites cambrensis,* présente une analogie frappante avec l'empeinte que laissent les *Mollusques Gastéropodes* rampant sur une vase molle ; d'autres peuvent être

1. Pour la division des temps géologiques, voir *les Continents disparus.* Vol. 59 de la collection.

rapportées à des *Crustacés*, peut-être même à des *Poissons*. On a pu obtenir des empeintes analogues à celles que décrivent les Paléontologistes sous les noms d'*Eophyton* et de *Fucoïdes*, en faisant ramper des *Méduses* au contact d'un sol peu résistant.

Il semble donc qu'on puisse admettre l'existence d'une faune précambrienne ; mais il n'en est pas moins singulier que malgré les plus patientes recherches, on n'ait pu trouver

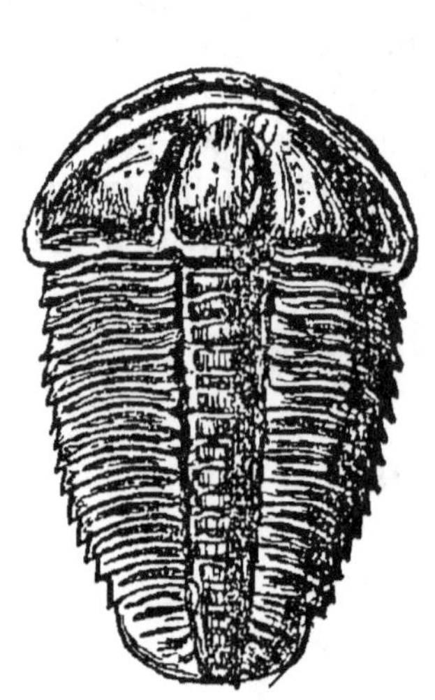

Fig. 1.

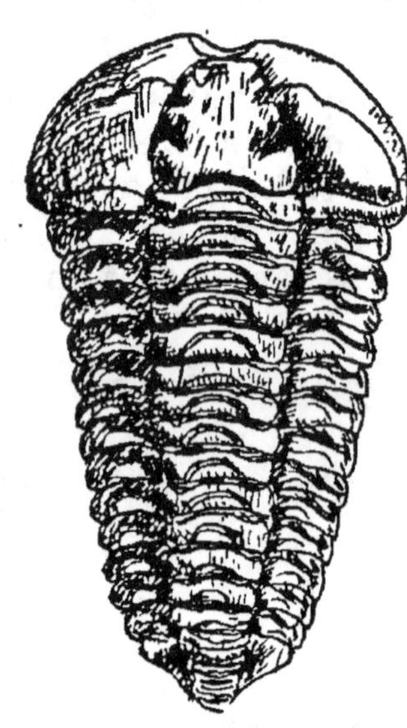

Fig. 2.

autre chose que des traces indécises, dans des roches sédimentaires qui n'ont, pour la plupart, subi aucune transformation depuis l'époque du dépôt.

Il n'en est pas de même aux périodes suivantes, et, dès les temps cambriens, la faune paléozoïque marine, montre une ampleur et une variété qui n'ont pas été dépassées depuis.

Le groupe le plus remarquable des animaux composant cette faune est celui des *Trilobites*, qui ne compte plus un seul représentant actuel (fig. 1 et fig. 2).

Ce sont des animaux appartenant à la classe des *Crustacés*. Leur corps se divisait en trois régions dans le sens transversal, et en trois lobes dans le sens longitudinal. La partie

médiane (*abdomen*) et la partie postérieure (*pygidium*)
étaient formées de segments distincts libres ou soudés,
tandis que la région antérieure, ou *céphalothorax*, n'était pas
segmentée, elle était munie, souvent de piquants et de
pointes pouvant dépasser la longueur du corps. Les segments de l'abdomen distincts, articulés, mobiles les uns
sur les autres, permettaient à l'animal de se recourber
et même de s'enrouler complètement sur lui-même, à la
façon des *cloportes* actuels (fig. 3).

Certains échantillons de *Trilobites* sont arrivés jusqu'à
nous dans un état de con-
servation telle qu'on a pu
décrire leurs yeux. Ces organes étaient portés sur
des saillies coniques du
céphalotorax, saillies qui
s'allongent souvent en un
pédoncule analogue à ce-
lui qui porte l'œil de l'E-
crevisse, analogue et non
comparable, car le pédon-
cule oculaire de l'Ecre-
visse et des animaux sem-
blables est mobile, tandis
que celui des *Trilobites* était fixe.

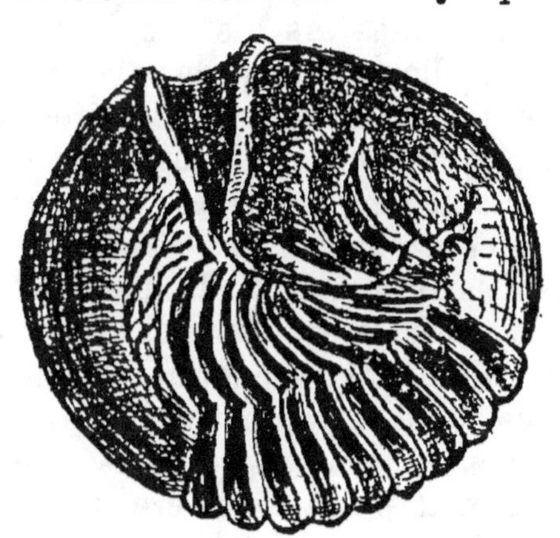

Fig. 3.

Quelques espèces étaient aveugles, d'autres ne portaient
que des yeux réduits, tandis que chez d'autres, ils prenaient
un développement énorme. On a pu reconnaître que les
yeux des *Trilobites* étaient *composés* comme ceux de nos
Insectes, c'est-à-dire formées de nombreux petits organes
(*ommatidies*), terminés par un cristallin; l'ensemble des
cristallins est recouvert par une cornée unique.

Il est difficile de conclure de la variété des organes visuels
à un genre d'existence particulier; il est à supposer, cependant que les espèces douées d'yeux considérablement développés vivaient dans des conditions où la lumière était
répartie comme dans les grandes profondeurs des Océans
actuels. Les *Trilobites* ne caractérisent pas, non plus, un
facies particulier, car on les trouve dans les conditions les
plus variées. Ils sont aussi communs dans les schistes que

dans les grès, dans les grès que dans les calcaires; on les trouve associés à des fossiles littoraux, et à des débris d'animaux pélagiques. Ce que l'on peut affirmer, c'est leur existence exclusivement aquatique, on a pu étudier, en effet, leur appareil respiratoire qui se compose de tubes spiralés disposés par paires, placés de chaque côté du corps, extérieurement par rapport aux pattes, et protégés par le rebord des lobes longitudinaux externes (*plèvres*).

Les pattes, articulées, très nombreuses, toutes semblables entre elles, indiquent des animaux bons marcheurs, et l'on trouve, dans les schistes à *Trilobites*, des empreintes formées d'un sillon médian, de part et d'autre duquel se voient de petites impressions circulaires, ces empreintes, qui sont très analogues à celles du *Crabe des Moluques* (*Limule*), sont certainement des traces de *Crustacés*; il n'est pas téméraire de les attribuer aux *Trilobites*.

Ces animaux, sur la description desquels nous avons insisté, à dessein, sont caractéristiques de la faune paléozoïque, ils abondent à l'époque silurienne, diminuent pendant la période dévonienne, et, durant les temps permo-carbonifériens, ne sont représentés que par un seul genre. Aucun d'eux ne passe dans l'ère secondaire.

Avec eux, la faune paléozoïque renferme encore de nombreux *Brachiopodes*, classe de Vers ayant de nos jours un petit nombre de représentants. Ces animaux n'ont pas la forme extérieure allongée et annelée qui caractérise la plupart des Vers, ce n'est qu'en entrant dans le détail de leur organisation, et, en étudiant leur développement depuis l'état le plus simple jusqu'à l'état adulte, qu'on leur a assigné un rang dans cet embranchement. Comme celui des *Mollusques Lamellibranches*, leur corps est protégé par une coquille bivalve, seulement le mode d'articulation des deux valves est tel, qu'après la mort les valves d'un Lamellibranche s'écartent et la coquille reste béante, tandis que pour un Brachiopode la coquille reste fermée (fig. 4.). L'examen de la constitution intime de cette coquille montre encore de profondes dissemblances entre les Mollusques Lamellibranches et les Brachiopodes, groupes qu'au premier coup d'œil on serait tenté de rapprocher. Ajoutons que le genre le plus ancien des Brachiopodes est le genre *Lingula*.

Il abonde dans certaines couches cambriennes, anglaises,
et se retrouve aujourd'hui dans les profondeurs de l'Océan
pacifique (fig. 5 et 6). C'est un type animal qui s'est maintenu depuis les temps les plus anciens, sans modifications.

On peut conclure, de la présence des Brachiopodes dans
une assise géologique, à la formation de cette
assise dans une mer assez profonde. Actuellement, en effet, les Brachiopodes n'apparaissent que vers la profondeur de 80 mètres.
Comme les genres actuels et les genres anciens
sont à peine différents, on peut admettre l'i-
dentité dans les manières de vivre.

Les coquilles de *Mollusques Céphalopodes*
ne sont pas très rares dans les strates primaires; les plus anciens semblent être les *Ortho-*
ceras, que l'on rapproche du genre *Nautilus*
actuel, qui, d'ailleurs, se montre contempo-

Fig. 4.

rain des *Orthoceras*. La coquille de ces animaux est divisée
en loges, par des cloisons que sécrétait le Mollusque lui-
même. Celui-ci habitait la dernière loge; mais un prolonge-

Fig. 5.

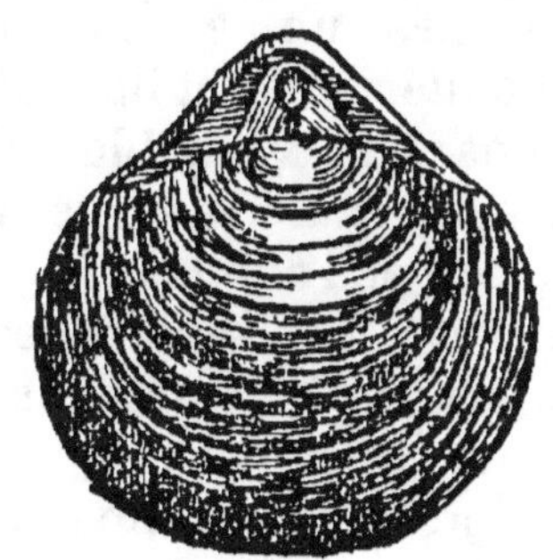

Fig. 6.

ment grêle de son abdomen, le *Siphon*, le reliait, en per-
çant toutes les cloisons, à la chambre la plus éloignée.
Souvent, les bords de l'orifice, recourbés en avant ou en
arrière, en un repli tubulaire, se soudaient les uns aux
autres, de manière à former un *goulot siphonal*, dirigé en
avant (*Prosiphonés*) ou en arrière (*Rétrosiphonés*).

Les analogies nombreuses que l'on observe entre la coquille des *Orthoceras* et celle du *Nautilus*, bien que celle-ci

soit enroulée et celle-là droite, ont conduit les paléontologistes à considérer les *Orthoceras* comme des Céphalopodes
d'organisation analogue à celle du Nautile, c'est-à-dire à
les ranger dans la classe des *Tétrabranchiaux* (Céphalopodes
à quatre branchies).

Tout autres devaient être. les *Goniatites* (fig. 7), que l'on
considère comme des Céphalopodes à deux branchies (*Di-
branchiaux*). Ils sont les précurseurs de l'immense famille
des *Ammonoïdes* qui va prendre la première place dans la
faune marine mésozoïque. C'est dire
que leur coquille est enroulée en spi-
rale, dans un même plan, comme
celle du Nautile.

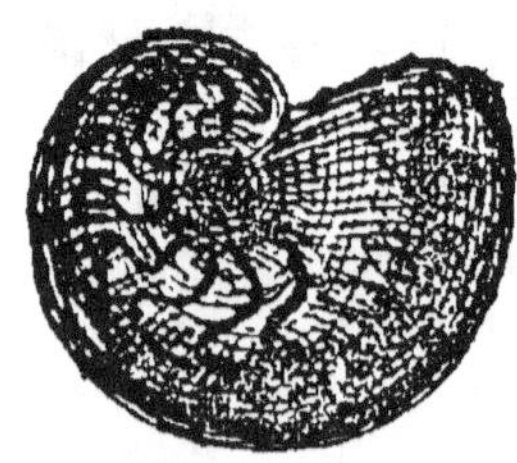

Fig. 7.

Orthoceras, *Nautilus* et *Goniatites*
étaient des animaux nageurs, on ·en
trouve les débris dans un grand nombre de dépôts stratigraphiques. A vrai
dire, les *Orthoceras* sont surtout abondants dans les assises siluriennes, tan-
dis que les *Goniatites* semblent caractériser les couches dévoniennes; un petit nombre seulement ont vécu à l'époque
carbonifèrienne, et ils sont remplacés dans les mers permien-
nes par de véritables *Ammonoïdes prosiphonés*. Quant au
genre *Nautilus*, il a survécu ; on le trouve dans toutes les faunes
marines, peu abondant, il est vrai, mais toujours présent. Aujourd'hui, une seule espèce le représente, c'est le *Nautilus
pompilius*, déjà rare dans l'Océan Indien, et qui semble en
voie d'extinction.

Les groupes d'animaux marins que nous venons d'exa-
miner, peuvent passer pour caractéristiques de la faune paléozoïque marine, mais il ne faudrait pas accepter l'idée
que seuls ils représentaient, dans les mers, le règne
animal.

Ainsi les Mollusques Gastéropodes (à coquille spiralée) et
Lamellibranches (à coquille bivalve) étaient très répandus.
L'un des plus anciens animaux connus, la *Cardiola inter-
rupta*, est un Lamellibranche, qui caractérise certaines
couches siluriennes inférieures.

Des restes d'animaux bien moins organisés ont même été
découverts. Parmi eux, il faut citer les *Graptolites*, colonies

de polypiers qui vivaient dans les océans siluriens, et qu'on n'a pas retrouvés depuis. Les animaux (*Polypes*) étaient contenus dans des loges (*Hydrothèques*) disposées le long d'un axe plein, et communiquaient avec un canal commun *Hydrosome*). Les *Polypiers* actuels qui présentent une disposition semblable sont rangés dans la classe des *Hydraires* et ils vivent fixés aux rochers, ou sur le fond vaseux des mers; les colonies de *Graptolites* devaient être libres ou vivaient simplement dressés dans la vase.

Les colonies de *Graptolites* se trouvent dans presque tous les dépôts siluriens schisteux; ils ont une grande importance stratigraphique, car ils servent à déterminer avec précision certains horizons. C'est à leur présence qu'on doit de reconnaître le synchronisme de strates très éloignées les unes des autres. On ne peut pas affirmer, toutefois, qu'ils caractérisent un *facies*. Quant aux Polypiers constructeurs, les *Coralliaires*, ils sont abondants dès les premières assises siluriennes, il est même possible qu'ils aient édifié des récifs dans les mers dévoniennes. Un savant belge, M. Dupont, admet que les calcaires compacts (marbres) du système dévonien sont des calcaires coralliens, assimilables à ceux que nous aurons à signaler dans l'ère secondaire, et qui se construisent, actuellement encore, dans les mers tropicales.

L'embranchement des *Echinodermes* (*Etoiles de mer, Oursins*), qui, à la fin de l'ère secondaire, et durant l'ère tertiaire, a pris une importance de premier ordre, est représenté, dans la faune paléozoïque, par des ordres tout à fait différents de ceux que nous connaissons actuellement. Il a même fallu les recherches de l'embryologie pour reconnaître une analogie entre certaines formes anciennes et les embryons de quelques genres actuels. De ce nombre sont les *Cystidés*, groupe entièrement éteint, mais qui rappelle, assez bien, les premières stades du développement d'un échinoderme méditerranéen, la *Comatule*. Les *Blastoïdes* rappellent par leur aspect les *Crinoïdes*, dont ils semblent les précurseurs. Les Blastoïdes ne semblent pas avoir vécu dans les mers qui couvraient l'Europe, mais ils sont très répandus dans les dépots américains, jusqu'à la fin de l'ère primaire. Ils vivaient, fixés au fond de la mer, par une tige pluriarticulée, comme les *Crinoïdes* de la faune abyssale actuelle.

Ce résumé montre que la faune paléozoïque contient des représentants de tous les types animaux invertébrés actuels, mais que l'abondance des êtres d'organisation et d'aspect très différents des types modernes est grandé. On peut dire que l'ère primaire marque, dans les mers, le règne des *Crustacés* et des *Brachiopodes*.

Quant aux animaux vertébrés, ils ne sont représentés qué par des *Poissons*; et ceux-ci offrent de grandés dissemblances avait les Poissons actuels. Les couches siluriennes sont pauvres en Poissons. C'étaient des animaux au squelette cartilagineux, les premiers *Squales*; ils se sont maintenus jusque dans les mers actuelles, où leurs représentants composent les familles des *Requins* et des *Raies*; d'autres, dont le squelette est inconnu étaient revêtus d'une carapace complète d'os superficiels (*os dermiques*). Ce squelette externe s'est seul conservé, et il a longtemps tenu en éveil la sagacité des paléontologistes. Pour les uns, ces restes avaient appartenu à des *Tortues*, pour d'autres, à des *Crustacés*; c'est Agassiz qui a, le premier, reconnu leur caractère de Poissons. On leur a donné le nom de *Proganoïdes*, et ils sont sùrtout abondants dans le *vieux grès rouge*, formation d'âge dévonien. On admet aujourd'hui que le vieux grès rouge est un dépôt lagunaire, saumâtre, peut-être d'eau douce. Quelques *Proganoïdes* (les genres *Pteraspis* et *Cephalaspis*) ont été trouvés dans des couches siluriennes. Ils ont atteint leur plus grande extension durant l'époque dévonienne et n'apparaissent plus dans les assises postérieures en date.

Les temps dévoniens marquent d'ailleurs le moment où la plupart des familles de Poissons sont apparues. Les *Acipenseroïdes*, représentés dans nos fleuves par l'Esturgeon, et les *Acanthoïdes*, disparus avec la fin de la période, et, très communs dans les dépôts permiens, sont largement représentés dans les dépôts dévoniens. Deux ordres sont également communs dans les couches dévoniennes, ce sont les *Crossoptérygiens*, Poissons d'une organisation très inférieure, et les *Dipneustes*, remarquables Poissons doués de la respiration pulmonaire, c'est-à-dire capable de supporter des changements d'habitat très profonds. Entre ces deux groupes existent de telles analogies, qu'il est rationnel de penser que le second dérive du premier. Les *Crossoptéry-*

giéns sont représentés, aujourd'hui, par le *Polypterus* des torrents africains. Quant aux *Dipneustes*, le genre *Ceratodus* des rivières australiennes était connu à l'état fossile avant d'avoir été découvert vivant. Il se rencontre dans les premières couches de l'ère secondaire. Deux autres genres, *Protopterus* de l'Afrique tropicale, et *Lepidosiren* du Brésil, sont inconnus à l'état fossile, mais l'ordre était au moins aussi abondant à l'époque dévonienne qu'à l'époque actuelle. Comme les *Proganoïdes*, ces animaux vivaient dans des lagunes, peut-être dans des lacs, très probablement dans des eaux saumâtres.

Certains Poissons des époques carboniférienne et permienne, les *Pleuracanthus*, dont les restes sont abondants, semblent devoir être encore d'un degré d'organisation inférieur à celui des *Crossoptérygiens*.

Un caractère assez important des Poissons anciens, est la forme de la queue. La queue des Proganoïdes, par exemple, est divisée en deux lobes inégaux, c'est ce que l'on nomme une queue *hétérocerque*. La colonne vertébrale se relève, vers son extrémité pour se prolonger dans le lobe supérieur qui est le plus grand. Dans le très jeune âge, ces Poissons étaient *diphycerques*, c'est-à-dire que la colonne vertébrale ne s'infléchissait pas et que la nageoire caudale n'était pas divisée en lobes inégaux. On a pu suivre sur des échantillons bien conservés la transformation de la queue diphycerque, en queue hétérocerque. D'ailleurs, cette transformation est facile à étudier dans les Poissons osseux actuels. Ceux-ci sont diphycerques dans le très jeune âge, puis ils deviennent hétérocerques; seulement les choses n'en restent pas là, certaines pièces osseuses se forment, qui amènent la division de la queue en deux lobes égaux et symétriques, au moins en apparence. Pour cette raison, la queue des Poissons osseux actuels est appelée queue *homocerque*. En réalité, l'hétérocercie réelle est masquée par la formation de pièces squelettiques supplémentaires.

Les restes de Poissons paléozoïques sont très abondants dans le *Kupfer-Schiefer*, couche de schistes bitumineux qu'on exploite en Thuringe pour ses minerais cuprifères. Elle a 60 centimètres d'épaisseur, et s'étend sur quarante lieues. Une couche analogue, et très riche aussi en restes de-

Poissons s'observe, en France, aux environs d'Autun. Ces couches appartiennent à la période permienne, dont les strates sont, presque partout, riches en restes de Poissons.

En résumé, l'embranchement des Vertébrés n'est représenté, dans les mers de l'ère primaire, que par la classe des Poissons; et celle-ci présente le même caractère d'infériorité organique que nous avons signalé pour les animaux invertébrés. Les Poissons primaires, présentent des traits d'organisation qui les rapprochent des formes embryonnaires des Poissons actuels. Cependant, comme la plupart des animaux ont échappé à la fossilisation, que nous ne pouvons connaître qu'une infime partie de la faune ancienne, il serait imprudent de conclure qu'aucun Poisson offrant l'organisation élevée des *Téléostéens* de nos mers n'a vécu dans les océans paléozoïques.

CHAPITRE III

LA FAUNE MÉSOZOÏQUE

Le caractère principal de l'ère mésozoïque ou secondaire est l'étendue considérable occupée par les mers à la surface du globe. Les continents sont relativement étroits et l'Europe, entre autres, est figurée par un archipel d'îles de faible superficie, séparées par des détroits, ou par des bras de mer dans lesquels les Polypes coralligènes édifiaient de nombreux récifs. Cette observation est précieuse, car elle indique l'existence de mers peu profondes, agitées et une température moyenne élevée (1). Ces récifs que l'on rencontre sous des latitudes élevées au moins pendant la première partie de l'ère (*période jurassique*) reculent lentement vers le sud. A la fin des temps secondaires (*période crétacique*) ils sont relégués dans la région méditerranéenne, et abondent dans la vallée du Rhône.

Les espèces de Polypes constructeurs les plus répandues

---

1. Nous renvoyons, encore une fois, pour l'étude des récifs coralliens à l'ouvrage de M. Edmond Perrier. Volume 28 de la collection.

dans les assises jurassiques appartiennent au groupe des *Hexacoralliaires*.

Chaque individu d'une colonie de Polypes constructeurs possède un squelette calcaire qu'on nomme *Corallite* ou *Polypiérite*. Il se compose essentiellement d'une *muraille* correspondant à la paroi du corps de l'animal, et de *cloisons* lames rayonnantes partant de la muraille et convergeant vers le centre. Dans les *Hexacoralliaires*, le nombre de cloisons est de six, ou d'un multiple de six. Chez les Polypes constructeurs, de l'ère paléozoïque, les cloisons sont au nombre de quatre ou d'un multiple de quatre ; on les nomme *Tétracoralliaires*. Tandis que les Tétracoralliaires sont localisés dans l'ère primaire, les Hexacoralliaires se sont maintenus jusqu'à nos jours, et sont représentés parmi les espèces qui, dans les mers tropicales actuelles, construisent des rochers coralliens.

A côté des Polypes constructeurs, les dépôts marins mésozoïques renferment des animaux unicellulaires (*Protozoaires*), organismes rudimentaires formés d'une cellule unique, enveloppée d'une coquille calcaire ou siliceuse. Ces organismes inférieurs, que nous verrons jouant un rôle important dans les formations marines du début de l'ère néozoïque, sont décrits sous les noms de *Foraminifères* et de *Radiolaires*. Ils sont encore représentés aujourd'hui et il semble qu'ils aient assez peu varié depuis les temps anciens. L'époque de leur apparition est incertaine; cependant certains *Foraminifères*, les *Fusulines*, ont joué un rôle considérable dans les océans carbonifériens de l'Europe orientale.

Les *Eponges* (*Spongiaires*) étaient aussi abondantes dans les mers mésozoïques. L'organisation de ces animaux est bien connue, d'après les recherches récentes. On sait que leur corps se compose de tissus mous, soutenus par des particules calcaires ou silicieuses, ayant souvent des formes géométriques. Ces particules, nommées *spicules*, s'agglomèrent, parfois, au point de former un squelette unique, dont la finesse et la légèreté sont souvent comparables à celles du verre filé. On conçoit que si de pareilles espèces ont vécu autrefois, leurs restes ne soient pas parvenus jusqu'à nous. Mais une autre famille, celle des *Lithistidés*, dont les spicules s'entrelacent de manière à former un squelette

pierreux, est très abondante. Les calcaires du jurassique
supérieur, en Suisse et en Allemagne, sont pétris de spicules

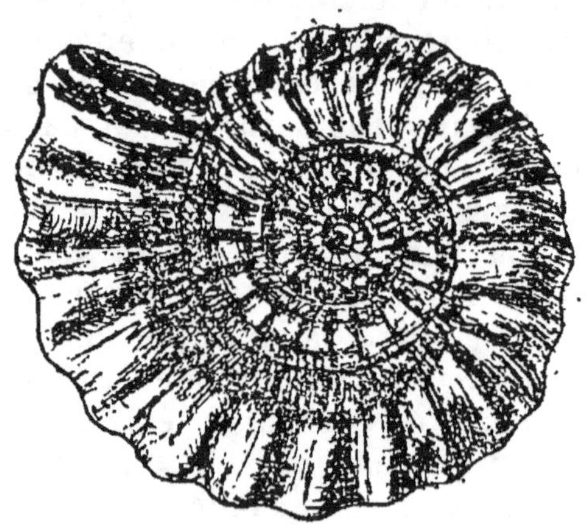

Fig. 8.

à six branches, ayant appartenu au groupe des Spongiaires
Hexactinellidés qui s'est perpétué jusqu'à nô-
tre époque, et dont les représentants actuels
sont précisément caractérisés par des spicules à six branches de nature siliceuse.

Mais la faune marine mésozoïque est surtout caractérisée par les *Mollusques* nageurs
du groupe des *Céphalopodes*, les *Ammonoïdes*,
à coquille enroulée dans un seul plan. Ils se
développent avec une ampleur remarquable,
et sont accompagnées d'un autre groupe de
Mollusques Céphalopodes, également éteints
aujourd'hui, les *Belemnoïdes*.

Ces fossiles, caractérisant la faune mésozoïque marine, sont d'une utilité inappré-
ciable pour l'établissement du synchronisme
des assises de l'ère secondaire; ils méritent
une description spéciale.

La coquille d'un *Ammonoïde* (fig. 8 et 9)
est enroulée comme celle d'un *Nautile*, seulement les différents tours de spire se recou-

Fig. 9.

vrent beaucoup moins et, au centre, ils sont toujours nettement visibles (fig. 8). Comme il n'existe aucune empreinte

pouvant donner une idée, même éloignée, de ce qu'était
l'animal logé dans cette coquille, on admet qu'il était
analogue au *Nautile* actuel, et qu'il habitait la dernière
chambre. Les cloisons des diverses loges sont convexes
en avant, et offrent, sur toute leur périphérie, des enfoncements et des saillies, il résulte de cette particularité que
la ligne de suture de la coquille et de la cloison est irrégulière et très sinueuse. Sans entrer dans le détail de l'étude
de ces sinuosités, nous pouvons dire qu'elle a conduit à la
découverte d'importants caractères de spécification, et que
les sutures des *Ammonoïdes* paléozoïques comme les *Goniatites* sont beaucoup moins compliquées que celles des Ammonoïdes mésozoïques.

D'autres caractères séparent les Ammonoïdes mésozoïques
des Ammonoïdes paléozoïques (*Goniatites*). Chez ceux-ci, le
goulot siphonal (voy. p. 11) est dirigé en arrière ; chez ceux-
là il est dirigé en avant. De là deux grandes divisions des
Ammonoïdes en *Rétrosiphonés* et *Prosiphonés*. D'autre part,
l'examen des cloisons montre qu'elles sont toutes convexes
en avant, et que, sur tout leur pourtour, elles présentent des
enfoncements, il en résulte que si l'on développe la ligne
de suture sur un plan tangent à la coquille, et perpendicu-
laire au plan de symétrie, on obtiendra une ligne sinueuse.
On est convenu de nommer *lobe* toute sinuosité dirigée en
arrière du plan tangent au centre de la cloison, et *selle* toute
sinuosité dirigée en avant. Cela posé, si l'on examine la
première loge de la coquille ou *loge initiale*, qui se trouve
au centre de la spire, on observe qu'elle est de forme variable et qu'elle est prolongée par un tube qui s'enroule autour
d'elle en s'élargissant graduellement. A une petite distance
de son origine, ce tube est coupé par une cloison dite *première cloison*, qui limite une première loge ou *loge embryon-
naire*.

Les variations de la suture de cette première cloison sont
simples, et fournissent de bons caractères pour la distinc -
tion des grands groupes.

Dans les Ammonoïdes les plus anciens (*Goniatites*), la
suture est dans un même plan, elle ne comprend ni *selles*
ni *lobes*. Pour cette raison ces animaux sont dits *asellés*.

Chez les Ammonoïdes permiens et triasiques, la suture de

la première cloison présente une *selle* unique large et peu saillante. Ces animaux sont dits *latisellés*.

Enfin, on observe, chez les Ammonoïdes jurassiques et crétaciques, une selle longue et étroite, caractérisant le groupe des *angustisellés*.

Les sutures des cloisons des autres loges se compliquent davantage ; mais nous pouvons nous borner à admettre les divisions suivantes des Ammonoïdes : 1° les *Rétrosiphonés* comprenant tous les *Goniatites* dont les plus anciens sont *asellés*, tandis que les formes dévoniennes sont *latisellées*, 2° les *Prosiphonés*, renfermant tous les Ammonoïdes mésozoïques, dont les uns sont *latisellés*, et les autres *angustisellés*.

Durant les temps secondaires, les familles diverses d'Ammonoïdes, n'ont pas été uniformément réparties partout. Certaines d'entre elles habitaient les mers septentrionales ; d'autres étaient localisées dans les océans méridionaux ; aussi lorsqu'on voit, comme cela arrive dans les dernières assises liasiques, des familles méditerranéennes remplacer, en certains points, des espèces boréales, on est en droit d'admettre qu'un courant venu du sud a entraîné les premières qui ont réussi à s'acclimater dans des mers nouvelles. De pareils faits sont faciles à observer de nos jours, et, à diverses reprises, ils ont été constatés nettement pendant les périodes géologiques, soit sur les Ammonoïdes soit sur des animaux appartenant à d'autres classes.

La localisation des familles en des régions diverses du globe, conduit à diviser l'hémisphère nord de la terre en deux provinces, durant la première moitié au moins de l'ère secondaire : l'une est la *province boréale*, l'autre la province *méditerranéenne*. Très peu accentuée au début de l'ère secondaire (*période triasique*), puisque jusqu'aux temps médiojurassiques les Polypes constructeurs élevaient leurs récifs par 55° de latitude boréale, cette division s'accuse peu à peu, pour devenir très nette à la fin des temps suprajurassiques. A ce moment, les Polypes constructeurs sont relégués dans la province méditerranéenne avec quelques familles d'Ammonoïdes, tandis que dans la province boréale les Polypes coralligènes ont disparu et que certains Ammonoïdes gigantesques prospèrent exclusivement sous les hautes latitudes. A la fin même des temps suprajurassiques, la différence entre le *facies* boréal et le *facies* méridional est tellement nette que certains géologues avaient fait de ce dernier un système spécial d'assises, et en constituaient l'étage *tithonique* non représenté dans le Nord. Les recherches actuelles montrent qu'il faut renoncer à y voir un étage, et qu'il y a là un *facies* pélagique correspondant aux dépôts lacustres et terrestres qui terminent

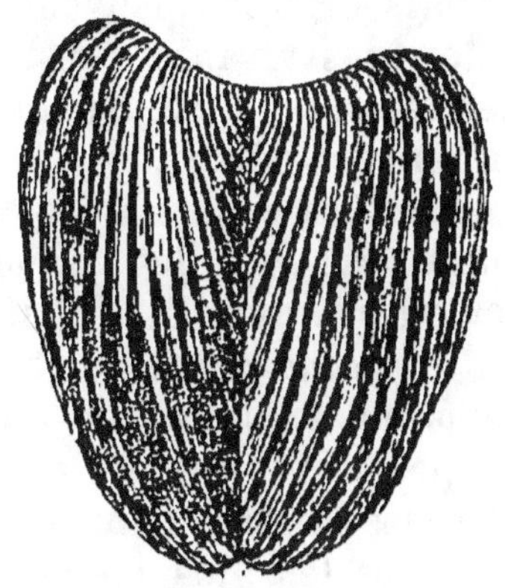

Fig. 10.

dans l'Europe centrale et boréale la série des assises suprajurassiques.

La faune tithonique présente, en effet, des Brachiopodes caractéristiques, à coquille perforéé, des Ammonoïdes appartenant aux familles des régions méridionales et des Mollusques bivalves (*Diceras*, *Nerinea*) habitant les récifs coralliens.

L'étage tithonique, en effet, peut être, en bien des points, considéré comme un *facies* corallien des assises Kimeridgienne et Portlandienne du Nord et de l'Ouest de l'Europe. Pour nous borner à des exemples nets et incontestés, nous citerons les calcaires coralliens du Mont Salève près de Genève, du Mont du Chat près de Chambéry et du bec de l'Echaillon près de Grenoble. Dans l'Ardèche, les dernières assises tithoniques (calcaires de Berrias) sont recouvertes par les premières assises crétaciques. Dans ces régions, et dans toutes les assises mésozoïques, on trouve, fréquemment, associée aux coquilles d'Ammonoïdes une production calcaire formée de deux valves réun ies par juxtaposition suivant une ligne droite, l'ensemble présentant la forme d'un cœur élargi. Ces productions dites *Aptychus* (fig. 10), ont exercé et exercent encore la sagacité des savants. Tous admettent que c'est là un organe appartenant en propre à l'animal, et, parmi les diverses opinions émises sur sa nature, la plus vraisemblable est qu'il s'agit d'un cartilage calcifié qui donnait insertion à certains muscles. De pareils organes peuvent s'observer sur les Céphalopodes vivants, aussi l'hypothèse est-elle admissible, bien que les preuves irréfutables fassent encore défaut.

Si on en est réduit à des conjectures et à des comparaisons avec des animaux actuels pour se figurer quel pouvait être l'habitant de la coquille d'un *Ammonoïde*, il n'en est pas de même des *Belemnoïdes* qu'on a pu restaurer avec une grande précision, grâce à des empreintes assez nombreuses laissées dans diverses assises.

Les restes les plus communs des Bélemnoïdes sont des productions calcaires ayant la forme d'un cylindre terminé par une pointe plus ou moins aiguë. L'ensemble porte le nom de *Rostre* (fig. 11). Il est creusé, à son extrémité antérieure, d'une cavité ou *alvéole*, en forme d'entonnoir. Le contenu de cette alvéole, porte le nom de *Phragmocone*. Il se compose d'une enveloppe (*conothèque*) moulée sur la cavité de l'alvéole, et de cloisons transversales, concaves en avant. Ces cloisons limitent des loges comme celles de la coquille d'un Ammonoïde.

Fig. 11.

Lorsque la coquille du Bélemnoïde est bien conservée, on voit que l'enveloppe ou *conothèque*, se prolonge en dehors de l'avéole, sous forme d'un entonnoir plus large à son ouverture que le diamètre du rostre. L'un des côtés (dorsal) s'étend en avant sous forme d'une lame mince, courbée, désignée par les paléontologistes sous le nom de *Proostracum* (fig. 12). Il est très rare qu'il soit entièrement conservé.

Jusqu'en 1864, on a ignoré complètement quel animal pouvait occuper une pareille coquille. A cette époque, le

savant naturaliste anglais Huxley en donna une description, d'après des empreintes trouvées dans les assises de
Charmouth. L'animal, très allongé, avait la forme générale
de nos *Seiches*, il se terminait par une portion aiguë dans
laquelle était logé le rostre. Toute la coquille, y compris le
proostracum, était interne, ce qui accentue la ressemblance
avec les *Seiches*, on a pu compter le nombre de
bras qui s'élève à dix, chez quelques espèces ; on
a découvert, comme chez les Poulpes et les Cal-
mars des mers actuelles, un organe de défense
sécrétant une matière noire (*poche à encre*), et
certains exemplaires provenant de Schönberg
(Würtemberg) sont si bien conservés qu'on a pu
étudier la musculature de l'animal.

Les Bélemnoïdes sont divisés en deux groupes :
les *Phragmophores*, à rostre bien développé, et
présentant toujours des cloisons et un siphon ;
et les *Chondrophores*, qui n'ont ni rostre, ni
phragmocone ; leur coquille est réduite au proostracum qui forme une coquille interne, pauvre
en calcaire, et formée presque exclusivement
d'une matière cornée la *conchyoline*.

Fig. 12.

Les plus anciens Bélemnoïdes sont triasiques.
On n'en connaît que deux espèces ; dans l'une, le proostracum n'a pas été retrouvé, mais dans l'autre il est très
étendu.

Les Bélemnoïdes jurassiques ont le rostre cylindrique ou
en forme de massue, il est souvent parcouru par des sillons, le phragmocone est court, et les cloisons en sont rare-
ment conservées ; le siphon, toujours présent, est marginal,
et les goulots siphonaux sont dirigés en arrière. Il est très
rare de trouver le proostracum ; mais on a pu constater, sur
quelques espèces, qu'il est très étendu.

La division en familles s'effectue d'après le nombre et la
position des sillons. Chez les familles qui datent de la fin
des temps jurassiques, ou du début de la période crétacique,
le rostre est très fortement aplati.

Avec les Bélemnoïdes et les Ammonoïdes, caractéristiques de la faune mésozoïque marine, se retrouvent les autres
embranchements des animaux invertébrés : *Mollusques Gas-*

téropodes et *Lamellibranches* très répandus, *Crustacés* peu communs en général. Les *Oursins* vont l'emporter bientôt en importance sur les autres, notamment dans les couches supracrétaciques, les *Brachiopodes* sont réduits à un petit nombre de formes, mais elles sont très abondantes, et appartiennent aux familles actuelles : *Térébratules, Rhyncho-nelles, Cranies.* Nous avons signalé déjà le rôle joué par les Polypes.

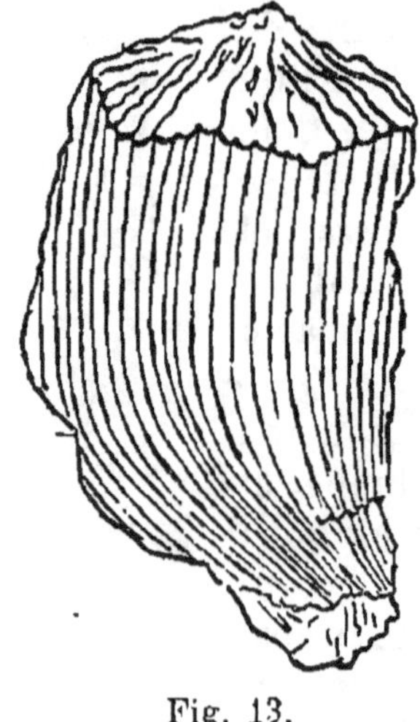

Fig. 13.

Durant la période crétacique, les calcaires construits ont une importance très grande, et telle que le paléontologiste A. d'Orbigny regardait les dépôts effectués par ces animaux marins comme un horizon spécial qu'il nommait *urgonien.* Aujourd'hui, il est prouvé que l'*urgonien* est un *facies* coralligène dans lequel des *Mollusques Lamellibranches,* les *Chamacés,* jouent un rôle plus considérable que les véritables *Coralliaires.* Plus tard, vers la fin de la série crétacique, les calcaires construits diffèrent des récifs coralliens jurassiques et actuels, ils forment plutôt des bancs lenticulaires que de véritables récifs ; les Polypiers y font place à des Chamacés de forme conique, les *Rudistes* (fig. 13). Ces animaux, qui s'éloignent beaucoup du type normal des *Lamellibranches,* ne sont plus représentés aujourd'hui que par le genre *Chama.* voisin des gigantesques *Tridacnes* (Bénitiers) de l'Océan Indien.

Il n'est pas douteux que les *Rudistes* et les Polypes constructeurs aient eu besoin pour se multiplier de conditions biologiques semblables. A leur apparition, les *Chamacés* (genre *Diceras*) sont localisés dans les calcaires coralliens, ils reculent vers le sud avec eux, et, à la fin de la période crétacique, sont localisés en France dans les assises de l'Aquitaine et de la région Alpine.

Les calcaires à Rudistes sont spéciaux à la période crétacée. Ils diffèrent des calcaires coralliens proprement dits, en ce sens que jamais ils ne constituent de récifs au sens usuel du mot; [ils forment, comme nous l'avons dit, des bancs lenticulaires, de type corallien, dans lesquels on trouve de nombreux Polypiers et des Spongiaires, mais ce n'est pas de véritables calcaires construits, comme ceux de Valfin et de l'Echaillon, par exemple. Cela prouve que déjà, dans le bassin méditerranéen, les conditions nécessaires à la vie des véritables espèces coralligènes s'amoindrissaient.

Une formation marine importante a donné son nom aux dépôts secondaires postjurassiques. la c'est *craie*.

La craie est un calcaire blanc, tendre, pulvérulent, formé de particules de carbonate de calcium presque pur et non cristallisé. On y trouve des coquilles de Foraminifères, et de petits corpuscules arrondis auxquels on donne le nom de *coccolithes*, dont la réunion forme des corps plus gros, sphériques, nommés *coccosphères*.

Par sa structure, la craie est comparable à la boue calcaire dite *boue à Globigérines*, qui se dépose, aujourd'hui, dans les grandes profondeurs des océans. Certaines espèces de Foraminifères semblent même communes aux deux formations, ce qui a conduit à penser que la craie se formait encore de nos jours. C'est là, évidemment, une exagération. S'il y a des espèces communes aux deux sortes de dépôts, il faut reconnaître que les familles les plus abondantes dans la craie blanche, ne sont pas celles qui sont les plus communes dans la boue à Globigérines. En outre, il faut reconnaître que les Foraminifères ne sont pas si abondants dans la craie que dans la boue à Globigérines, enfin, pour MM. Munier-Chalmas et Schlumberger, l'identité entre les espèces du dépôt actuel, et celles du dépôt ancien est plus apparente que réelle.

Quoi qu'il en soit, il semble que la craie soit un dépôt de mer profonde. On y trouve des Spongiaires siliceux, des Oursins, des Crinoïdes, des Brachiopodes, analogues aux espèces des grands fonds actuels. Le géologue allemand Neumayr a fait en outre remarquer que les Mollusques Lamellibranches qu'on trouve dans la craie, sont pourvus de coquilles minces et petites. C'est là un indice certain que ces animaux ne vivaient pas dans des conditions favorables.

Souvent aussi, on observe, dans la craie blanche, des masses de *silex pyromaque* (pierre à fusil) alignées en bancs parallèles réguliers. Ces silex sont généralement gris, blonds ou noirs. Leurs alignements sont très faciles à observer dans les falaises de la Manche.

De pareilles masses siliceuses ne s'observent jamais dans la boue à Globigérines des océans actuels. A la vérité, cette boue contient de la silice qui provient de spicules d'Eponges siliceuses, ou de coquille de certains Protozoaires, les *Radiolaires*, mais cette silice n'est jamais concentrée en masses, comme dans la craie, elle est au contraire largement disséminée dans le sédiment.

On a trouvé, en brisant les silex de la craie, que le milieu en était occupé tantôt par un Spongiaire silicieux, tantôt par un Oursin, et l'on a émis cette hypothèse qui est, en somme, la plus plausible, que la silice, primitivement disséminée dans la roche, s'est accumulée sous l'action de l'eau, et par suite de phénomènes de concentration moléculaire, autour des corps organiques en décomposition, cette agglomération de silice aurait formé le silex.

On rencontre encore, associées à la craie, des masses arrondies de sulfure de fer dont la surface irrégulière est couleur de rouille, tandis que l'intérieur présente sur la cassure une apparence métallique et rayonnée. Un autre minéral qui s'allie à la craie, surtout dans les assises inférieures, est la *glauconie*, formée de la combinaison de l'acide silicique avec l'eau, le fer et le potassium. La glauconie forme de petits points verts qui tachètent la craie. Ces granules reproduisent souvent le moule interne des coquilles de Foraminifères. Le type de la craie glauconieuse est la craie de Rouen. Enfin, la craie de Picardie est parsemée de grain de phosphate de calcium.

La distribution des organismes marins dans la craie a permis à M. Munier-Chalmas de reconnaître trois provinces distinctes dans les dépôts de la fin de l'ère secondaire. La province méridionale est caractérisée par les calcaires à Rudistes, par certains Foraminifères, et par l'absence des Bélemnoïdes. Dans la région anglo-parisienne, les Rudistes font défaut, presque généralement, tandis que les Bélemnoïdes et les Oursins à coquille aplatie dans le sens vertical (*Micraster*), ou globuleuse (*Ananchytes*), sont remarquablement développés. Enfin, dans les mers boréales, dominaient les Brachiopodes et les Bélemnoïdes à rostre pourvu d'un réseau d'empreintes irrégulières qu'on attribue aux vaisseaux sanguins de l'animal, et terminé par une pointe courte. On les décrit sous le nom de *Belemnitelles.*

Les courants qui s'établissaient entre ces trois provinces favorisaient l'extension de certains types hors de leur pays d'origine. Mais les contrées méditerranéennes, garanties des courants du Nord par des îles qui occupaient l'emplacement actuel des Alpes, ont favorisé l'existence des *Rudistes* mais n'ont pas été fréquentées par les *Belemnitelles*, ni par les *Micraster.*

Quant aux Ammonoïdes, ils abondaient encore surtout dans la province méridionale, mais leur distribution y est imparfaitement connue.

L'abondance des animaux invertébrés durant l'ère secondaire n'a pas entravé le développement des Vertébrés qui sont représentés par les deux classes des *Poissons* et des *Reptiles.* Ces derniers, qui forment sur les continents un groupe très nombreux d'animaux gigantesques, règnent également dans les Océans, ou leur taille atteint des proportions formidables.

Parmi les *Poissons*, nous retrouvons encore des *Ganoïdes* et des *Proganoïdes* c'est-à-dire des Poissons dont la colonne vertébrale reste cartilagineuse, ce qui fait que souvent cette partie du squelette manque. Ils sont recouverts d'écailles en forme de losange, enfouies par un côté, dans la peau, libres, ou imbriquées par le côté opposé.

Ces Poissons, qui abondaient aux temps primaires, sont encore assez communs au début de l'ère secondaire, cependant on voit apparaître la famille des *Lepidostéoïdes*, dans lesquels on reconnaît un commencement d'ossification de la colonne vertébrale.

A côté d'eux vivaient encore des *Dipneustes*, qui diffèrent, surtout des Ganoïdes par quelques particularités du crâne. Parmi eux, le *Ceratodus*, habitant actuel des rivières australiennes, vivait dès l'époque triasique.

A mesure que l'on approche de la fin des temps secondaires, les *Ganoïdes* deviennent plus rares. Les *Lepidostéoïdes* sont plus nombreux dans les dépôts supracrétaciques où l'on ne trouve plus de *Ganoïdes*. Mais dans les mers de cette époque apparaissent les *Téléostéens*, les plus répandus des Poissons actuels (Carpe, Brochet, Hareng, Saumon, Plie, Sole, etc.).

Quant aux *Sélaciens* (Requins, Raies) ils conservent l'importance qu'ils avaient pendant l'ère primaire.

Les *Reptiles* sont les véritables maîtres de la mer durant toute la durée des temps secondaires. Ils apparaissent dans les premières couches du *Trias*, et appartiennent aux deux groupes des *Sauroptérygiens* et des *Ichthyoptérygiens*.

Les premiers avaient la tête très petite, le cou très long, les os des membres étaient larges et les doigts formés d'une multitude de petits os destinés à soutenir une membrane natatoire, disposition que l'on trouve chez les *Mammifères* marins actuels comme le *Phoque*. Deux genres principaux caractérisaient les deux familles principales de Sauroptérygiens. Les *Nothosaurus*, ayant l'aspect d'un Crocodile, et dont les membres sont armés de griffes. Cet animal, plus grand qu'aucun de nos Crocodiles actuels, pouvait sans doute ramper sur les rivages, et ne devait pas beaucoup s'éloigner des côtes.

Tout autre était le second genre dont nous ne pouvons passer la description sous silence. C'est le *Plesiosaurus*, dont certaines assises du *lias* anglais ont donné des squelettes de 10 mètres de longueur. Il avait la tête d'un Lézard, les dents d'un Crocodile, les membres d'une Baleine, le cou pareil au corps d'un Serpent, en même temps, caractère singulier, et qui le range sans contestation parmi les Reptiles, le nombre des Vertèbres du cou est proportionnel à sa longueur; fait qui n'a jamais lieu chez les Mammifères. (Le cou d'une Girafe comprend sept vertèbres comme celui d'un Eléphant).

Le *Plésiosaure* était essentiellement marin, cependant la longueur de son cou était un obstacle à la progression rapide sous les eaux, et il devait se tenir à la surface, peut-être même s'échouait-il sur les plages, mais ses mouvements à terre, devaient être lourds, gauches, comme ceux des Otaries de nos mers. Tel que nous pouvons nous le représenter, le Plésiosaure est un des plus étranges et des plus formidables animaux qui aient habité notre planète.

Cependant, il rencontrait dans les Ichthyoptérygiens des adversaires, moins étranges peut-être, mais plus terriblement armés. De ceux-ci, les *Ichtyosaurus* ont laissé de nombreux débris dans les assises jurassiques. Pour le définir en un mot, l'Ichthyosaure était un *Lézard* d'au moins 10 mètres de long, pourvu d'une mâchoire de *Crocodile* et des nageoires d'une *Baleine*.

La tête, extrêmement volumineuse, était reliée au tronc par un cou très court. Les cavités orbitaires, placées sur les côtés de la tête étaient énormes, excédant le volume d'une tête humaine. La brièveté du cou, la légèreté des vertèbres qui, à ce point de vue, rappellent celles des Poissons, les dimensions du squelette de la nageoire, font de l'*Ichthyosaure* le type de l'animal carnassier marin.

Ajoutons une particularité qu'il possédait, sans doute, et qu'ont possédée beaucoup de Reptiles et même de Batraciens anciens. C'est la présence d'un œil impair sur le sommet de la tête.

L'examen d'un organe particulier du cerveau, la *glande pinéale* a conduit les zoologistes à le considérer comme le rudiment d'un œil. Chez les Lézards vivants, cet œil est caché sous la peau, et logé à la jonction des os pariétaux et de l'os frontal, dans un trou nommé le *trou pariétal*. Cet œil rudimentaire fonctionne peut-être chez l'*Hatteria punctata*, saurien de la Nouvelle-Zélande qui rappelle un peu l'Iguane des Indes et de l'Amérique, et qui en outre a des caractères communs avec les Reptiles terrestres les plus anciens (*Théromorphes*).

Or, le crâne des *Ichthyosaures* présente toujours un large trou pariétal; ce qui autorise l'hypothèse que nous avons énoncée et en même temps, rapprochant le crâne des Ichthyoptérygiens de celui des Batraciens, accuse davantage l'ancienneté de l'ordre. Ajoutons que le trou pariétal n'existe ni dans le crâne du *Nothosaurus*, ni dans celui des *Plésiosaures*.

Les *Ichthyoptérygiens* disparaissent avant la fin de la série des temps jurassiques, et on n'en trouve aucun débris dans les dépôts infracrétacés. Par contre les *Sauroptérygiens* se rencontrent encore dans quelques dépôts américains (genres *Cimaliosaurus* et *Polyptychodon*).

Dans les mers jurassiques vivaient encore des Reptiles de dimensions moindres que l'*Ichthyosaure* et le *Plésiosaure*. On a trouvé dans des dépôts triasiques des plaques polygonales qui passent pour avoir appartenu à une *Tortue* marine, mais la détermination est encore controversée et quelques paléontologistes inclinent à penser qu'il s'agit là des débris d'un animal de la famille du *Nothosaurus*. Par contre, les schistes lithographiques de Solenhofen et d'Eischtätt, en Bavière, ont fourni des restes parfaitement conservés de véritables *Tortues*. Reptiles qui ont été très abondants dans les mers crétaciques.

Il en a été de même des *Crocodiles*. Ces animaux, les mieux organisés des *Reptiles*, ont apparu avec le *Belodon*, dans les assises triasiques. On ne connait pas les membres de cet animal, qui était de très grande taille, et caractérisé par un museau très long. Au musée de Stuttgard, on conserve une plaque de grès, tirée des carrières de Heslach, sur laquelle sont conservés vingt-quatre crocodiles de petite taille, appartenant au genre *Aetosaurus*. Le *Teleosaurus*, crocodile cuirassé, dont le ventre et le dos étaient couverts d'écailles épaisses, est encore un des géants du monde maritime ancien. Anatomiquement, il diffère peu des Crocodiles actuels, mais sa taille atteignait 10 mètres de longueur. Le crâne. à lui seul. peut arriver à 2 mètres : le museau se rétrécit brusquement à partir des yeux, et se prolonge comme un long tube étroit. Aux environs de Caen, on a trouvé des squelettes de *Teleosaurus* parfaitement conservés. La disposition des pattes permet de supposer que cet animal était apte à la vie terrestre, il devait fréquenter les rivages. Avec sa mâchoire hérissée de dents puissantes, le *Teleosaurus* devait être un insatiable destructeur d'animaux marins.

Ce n'est que dans les mers crétaciques qu'on commence à trouver des Crocodiles voisins de ceux du Gange et de l'Afrique. Le genre *Thoracosaurus* et le genre *Tomistoma* sont dépourvus de bouclier ventral. Le dernier vit encore dans l'île de Bornéo, et le genre *Crocodilus* lui-même apparaît à la fin de la période crétacée, dans les lignites de Fuveau.

Nous terminerons cette revue des Reptiles mésozoïques

par les *Pythonomorphes*, animaux particuliers à la fin des temps secondaires, et dont l'un, le *Mosasaurus* a donné lieu aux admirables travaux d'Adrien Camper, anatomiste Hollandais, et de Georges Cuvier. Le *Mosasaurus*, dont la tête fut découverte dans les carrières de Maëstricht, fut tour à tour considéré comme une Baleine et comme un Lézard. Pour Cuvier, le doute n'était pas possible, et la tête de l'animal avait appartenu à un Saurien. Cette tête est d'ailleurs conservée au Muséum de Paris, et chacun peut se rendre compte des dimensions de l'animal qui la portait.

Le *Mosasaurus* et les *Pythonomorphes*, en général, se rapprochent des *Lézards* et des *Serpents*, ils en diffèrent en ce qu'ils étaient exclusivement marins. Du Lézard, ils ont le crâne, les dents, les vertèbres ; du Serpent les membres courts, reliés au tronc par des arcs osseux très réduits ; le nombre considérable de vertèbres et la suspension de la mâchoire au crâne permettaient d'ouvrir largement la gueule.

D'autre part, les membres larges et courts, aux doigts allongés dépourvus de griffes, révèlent une organisation faite pour le mouvement dans l'eau. Le *Mosasaurus* atteignait au moins 8 mètres et sa queue comprenait 100 vertèbres. Dans le genre *Liodon*, le museau se prolongeait en avant par une sorte de bec dépourvu de dents. Dans le genre *Clidastes*, il y a prédominance des caractères de Serpent, et dans le genre *Plioplatecarpus* les caractères du Lézard l'emportent.

Ces animaux ne se sont pas trouvés dans les assises jurassiques et ont disparu avec la fin de l'ère secondaire.

CHAPITRE IV

LA FAUNE NÉOZOÏQUE

Des différences profondes séparent la faune néozoïque de la faune mésozoïque. Toutes les formes animales dont l'étrangeté formait le caractère des dépôts d'âge secondaire ont disparu. On ne trouve plus d'*Ammonoïdes*, les *Bélemnoïdes* sont éteints, et les *Rudistes* qui construisaient dans la Méditerranée des bancs de calcaire pur sont désormais inconnus. Le règne des grands Reptiles est accompli. La population terrestre l'emporte en intérêt sur la population marine ; et nous ne trouvons plus ces espèces géantes qui se partageaient les océans.

Tout au contraire, ce sont les animaux les plus inférieurs, des êtres pourvus seulement d'un rudiment d'organisation qui doivent attirer le plus notre curiosité.

Tout en bas de l'échelle animale, les zoologistes placent des êtres microscopiques, formés d'une seule cellule, dont les moins dégradés sont les *Infusoires*. A ces cellules, ils ont donné le nom général de *Protozoaires*, et le naturaliste allemand Hœckel avait même proposé de réunir tous les êtres unicellulés, tant animaux que végétaux, en un règne unique, celui des *Protistes*, intermédiaire entre le règne minéral et les règnes végétal et animal.

Ce n'est pas ici le lieu d'exposer les raisons pour lesquelles cette quatrième division n'a pas été généralement admise. Qu'il nous suffise de retenir ce fait qu'un assez grand nombre de *Protozoaires*, les *Foraminifères* sont pourvus d'une coquille résistante, calcaire, parfois perforée, parfois complètement close, qui a pu, suivant les circonstances, subir une fossilisation complète.

Cette coquille est souvent divisée en loges, enroulée sur elle-même, spiralée, etc ; elle arrive ainsi à un grand degré de complication. Souvent, même, comme l'ont montré MM. Munier-Chalmas et Schlumberger, la forme de la coquille varie avec l'âge, à tel point qu'on pourrait croire qu'elle appartient à deux individus différents.

Or, parmi les Foraminifères perforés, ceux qui ont la plus grande importance, pour l'étude que nous poursuivons, sont les *Nummulinidés*.

A vrai dire, cette famille n'apparaît pas brusquement dans les mers tertiaires ; elle est représentée, dès les temps carbonifériens, et une tribu, celle des *Fusulines*, a vécu, en grande abondance dans cet océan qui, durant la période carboniférienne, couvrait l'Europe orientale, la Sibérie, la Chine, jusqu'au Pacifique actuel.

La coquille des *Nummulites* est circulaire et aplatie ; son diamètre est variable, de 2 millimètres à 6 centimètres. Aux environs de Paris, leur abondance est parfois telle, que les carriers donnent le nom de *pierres à liards* aux calcaires qui en sont remplis. Cette dénomination familière donne une bonne idée de la forme extérieure d'une coquille de *Nummulite*. La multiplicité des espèces et la rigueur avec laquelle elles sont cantonnées dans certaines couches en font des fossiles extrêmement utiles pour la classification des terrains tertiaires.

Dans le bassin de la Méditerranée, elles définissent un *facies* comparable, dans une certaine mesure, au *facies* corallien et au *facies* à *Rudistes*. Il semble évident que les *Nummulinidés* ont pris part à l'édification de bancs calcaires, qui sont d'ailleurs beaucoup moins purs et plus mélangés de sable que les récifs construits par les *Diceras* et les *Hippurites* de l'ère secondaire.

Le *facies* nummulitique se trouve dans le bassin de Paris, mais il est borné aux dépôts éocènes inférieurs; il se poursuit, beaucoup mieux caractérisé, sur tout le contour de la Méditerranée, en Egypte, aux Indes, on l'a retrouvé dans la République de l'Equateur, et les espèces de ces contrées, qui se trouvent aussi dans la région méditerranéenne, caractérisent la fin de la première moitié des temps éocènes.

L'étude du *facies* nummulitique, fournit à la géologie un résultat très précieux. La constance des formes a un même niveau, la régularité de succession des espèces caractéristiques prouve l'existence d'une mer entourant complètement le globe, d'une méditerranée universelle. Elle comprenait notre Méditerranée actuelle, fort élargie au Nord et au Sud, en Espagne, au Maroc, en Grèce, en Egypte. Par l'Afghanistan, elle atteignait l'Inde, Bornéo, l'Indo-Chine, et traversait le continent américain.

A côté des *Nummulites* proprement dites existaient d'autres genres de Foraminifères perforés, comme les *Operculina*, les *Orbitophragmina*, etc. M. Munier-Chalmas a montré que c'est à ce dernier genre qu'il faut rapporter les espèces décrites sous le nom d'*Orbitoïdes* et caractérisant certains calcaires tertiaires. Le genre *Orbitoïdes*, soit dit en passant ne dépasse pas la période supracrétacique.

Les Invertébrés marins sont surtout des *Mollusques Gastéropodes* et *Lamellibranches*. Les Céphalopodes sont, non point disparus complètement, mais frappés d'une déchéance complète, les genres *Nautilus* et *Aturia* rappellent seuls la famille des *Ammonoïdes*; tandis que les genres *Bayanoteuthis*, *Beloptera*, représentent les Belemnoïdes. Les *Belosepia*, et les *Spirulirostra* sont les précurseurs des Seiches actuelles.

La même décadence atteint les *Brachiopodes*, qui ne sont plus représentés que par les genres *Argiope* et *Terebratula* encore vivants aujourd'hui.

Parmi les Gastéropodes, qui sont très nombreux, nous citerons le genre *Cerithium* (fig. 14) présentant une espèce de grande taille *C. giganteum* dont les moules, en forme de vis, sont abondants dans le calcaire des environs de Paris et y forment l'assise connue sous le nom de *banc à vérins*.

Fig. 14.

Les Mollusques Lamellibranches ont laissé en abondance leurs coquilles bivalves dans les dépôts tertiaires. Toutes les familles de cette époque sont encore représentées actuellement.

Dans les Vertébrés, on doit signaler parmi les Poissons, quelques rares débris de *Lépidostéoïdes*. Au début des temps tertiaires, la prépondérance appartient aux *Raies*, aux *Chimères* et aux *Requins*, dont les dents sont très fréquemment, dans tous les dépôts.

Les *Mammifères* qui peuplaient les continents et les îles, sont représentés aussi dans les mers. Ils forment le groupe des *Thalassothériens*, divisés en *Cétacés*, *Siréniens* et *Pinnipèdes* qui se sont montrés le plus tard.

Le plus ancien des *Cétacés* est le *Zeuglodon*, dont une seule espèce, bien connue, dépassait 20 mètres de longueur. Sa mâchoire était armée de cinq molaires d'une canine et de trois incisives. Toutes ses dents étaient écartées les unes des autres et pourvues de deux racines. La forme générale du crâne, rappelle celle du crâne des *Ongulés* (Ruminants, Chevaux, etc.); de sorte que l'on a pu dire que le *Zeuglodon* est un intermédiaire entre les Mammifères marins et les Mammifères terrestres. Le *Squalodon*, se rapproche du *Zeuglodon* par les dents, et des *Dauphins* par la forme du crâne. Les trois genres de Cétacés armés de dents (*Cachalots, Dauphins, Marsouins*, etc.), ont laissé leurs squelettes dans les dépôts miocènes et pliocènes. Quant aux *Cétacés* dépourvus de dents, les *Baleines*, elles n'ont été retrouvées que dans les dépôts marins de l'époque miocène.

Les sables rouges d'Anvers (*Crag d'Anvers*) contiennent d'énormes quantités d'ossements de Baleines pliocènes, à l'aide desquels on a pu reconstituer quatorze genres, dont les *Rorquals*, les *Mégaptères* et les *Baleines franches*.

Les *Siréniens*, représentés actuellement par les *Dugongs* et les *Lamantins*, étaient beaucoup plus abondants durant l'ère tertiaire qu'actuellement. Leur squelette les éloigne notablement des Cétacés dont on serait tenté de les rapprocher d'après leur mode d'existence.

Le plus commun, et le mieux connu des Siréniens fossiles, est l'*Halitherium*, qui devait avoir la taille et les proportions d'un Dugong ; il est remarquable par la forme et la dimension de ses dents molaires qui rappellent assez bien celles des *Hippopotames*. Les Lamantins (*Manatus*) et le Dugong (*Halicore*) sont assez communs dans les dépôts miocènes d'Allemagne et de France.

On connaît environ huit genres de *Siréniens*. L'un des plus curieux, et qui s'est maintenu dans les mers polaires jusqu'à la fin du siècle dernier, était le *Rhytine*, dont les dents tombaient chez l'adulte pour être remplacées par des plaques cornées. C'était un animal d'une dizaine de mètres de longueur.

Quant aux *Pinnipèdes* (Phoques, Otaries, etc.) reconnaissables à leur dentition de carnassier, ils sont peu abondants dans les dépôts anciens. On en a trouvé quelques débris dans le miocène anglais, et dans le crag d'Anvers. Ils ne semblent pas différer des *Phoques* et des *Morses* actuels.

Si nous essayons, maintenant, de résumer notre esquisse du monde marin dans le passé, nous avons vu apparaître et disparaître des êtres, et l'enchaînement des générations s'acheminer peu à peu vers les formes actuelles. Cependant, toutes ne se sont pas éteintes ; si les grands Reptiles jurassiques n'ont pu se maintenir, nous devons con_ stater que des êtres bien inférieurs, les *Brachiopodes*, par exemple, apparus dès les premiers âges de la terre, ont survécu, les *Lingules* des mers cambriennes, ne différaient pas des *Lingules* que l'on pêche, aujourd'hui encore, dans le Pacifique. Cette constance de certaines formes, nous l'avons vu, s'étend aux *Vertébrés*, et le *Ceratodus* australien est un bien proche parent des *Ceratodus* du trias, s'il ne leur est identique. Sans doute, l'hypothèse de la transformation lente des espèces animales est séduisante en soi, mais on peut lui opposer des faits que personne ne conteste, et qu'elle s'est montrée jusqu'ici impuissante à expliquer.

Le Gérant : Henri Gautier.

IMP NOIZETTE ET Cⁱᵉ, 8, RUE CAMPAGNE-PREMIÈRE, PARIS